Extrait du Journal LE GÉNIE CIVIL

AGRANDISSEMENT

DE

LA GARE SAINT-LAZARE

Avec une Planche hors texte donnant le plan
des nouvelles dispositions adoptées.)

Prix : 1 franc.

PARIS
PUBLICATIONS DU JOURNAL *LE GÉNIE CIVIL*
6, RUE DE LA CHAUSSÉE-D'ANTIN, 6
1885

LE GÉNIE CIVIL

REVUE GÉNÉRALE HEBDOMADAIRE DES INDUSTRIES FRANÇAISES ET ÉTRANGÈRES

Paraissant tous les Samedis

COMITÉ SUPÉRIEUR DE RÉDACTION :

MM.

ARBEL, ✳, Maître de forges à Rive-de-Gier, Ancien président de la Société des anciens élèves des Écoles nationales d'Arts et Métiers.

GEORGES BERGER, C. ✳, Directeur général des sections étrangères à l'Exposition universelle de 1878, président de la Société internationale des Électriciens.

BIVER, ✳, Ingénieur, administrateur de la Compagnie de Saint-Gobain, Chauny et Cirey.

BLANCHE, ✳, Manufacturier à Puteaux, ancien membre du Conseil général de la Seine.

BOURDAIS, O. ✳, Architecte du palais du Trocadéro, ancien Vice-Président do la Société des Ingénieurs civils.

BOUTILLIER, ✳, Ingénieur en chef à la Compagnie des chemins de fer du Midi, Professeur à l'Ecole Centrale.

LÉON BOYER, ✳, Ingénieur des Ponts et Chaussées.

CAUVET, O. ✳, Ingénieur, Directeur de l'Ecole Centrale.

E. CHABRIER, O. ✳, Ancien Ingénieur de la voie au chemin de fer de l'Ouest, Administrateur de la Compagnie Générale Transatlantique, ancien Président de l'Association des anciens élèves de l'Ecole Centrale.

CH. COTARD, ✳, Ingénieur civil, ancien élève de l'Ecole Polytechnique.

DECAUX, ✳, Directeur des teintures des Manufactures nationales des Gobelins et de Beauvais.

DEHÉRAIN, ✳, Professeur au Muséum d'histoire naturelle et à l'Ecole d'agriculture de Grignon.

A. DEMMLER, Ingénieur conseil et administrateur de charbonnages.

DIETZ-MONNIN, C. ✳, Président de la Chambre de commerce do Paris, Directeur de la section française à l'Exposition universelle de 1878.

DUMOUSTIER DE FRÉDILLY, ✳ Chef de bureau au ministère du Commerce.

JOSEPH FARCOT, O. ✳, Ingénieur-Constructeur, ancien Président de la Société des Ingénieurs civils.

FICHET, Ingénieur civil.

FORQUENOT, O. ✳, Ingénieur en chef du Matériel et de la Traction de la Compagnie du chemin de fer d'Orléans.

DE FRÉMINVILLE, O. ✳, D'recteur des constructions navales, en retraite, ancien Professeur à l'Ecole Centrale.

FRIBOURG, O. ✳, Directeur du personnel au ministère des Postes et Télégraphes, Professeur à l'Ecole supérieure de Télégraphie.

FERDINAND GAUTIER, Ingénieur civil.

GRANDVOINNET, ✳, Professeur de Génie rural à l'Institut national agronomique.

HUDELO, O. I. ☙, Ingénieur civil, Vice-Président de l'Association Polytechnique, membre de la Commission des logements insalubres.

JOSEPH IMBS, Ingénieur, Professeur de filature et de tissage au Conservatoire des Arts et Métiers.

MM.

G. LAURENS, ✳, Ingénieur civil et métallurgiste, ancien Président de l'Association des anciens élèves de l'Ecole Centrale.

LAUTH, O. ✳, Administrateur de la manufacture nationale de porcelaine de Sèvres.

LAVALLEY, O. ✳, Ancien Président de la Société des Ingénieurs civils.

LEVASSEUR, O. ✳, Membre de l'Institut, Professeur au Collège de France et au Conservatoire des Arts et Métiers.

H. LÉAUTÉ, Ingénieur des Manufactures de l'État, Répétiteur à l'École Polytechnique, lauréat de l'Institut, Directeur des études à l'école préparatoire de l'École Monge.

MAURICE LÉVY, O. ✳, Membre de l'Institut, Ingénieur en chef des Ponts et Chaussées, Professeur à l'Ecole Centrale, Professeur suppléant au Collège de France.

MARIÉ DAVY, ✳, Directeur de l'Observatoire météorologique de Montsouris.

G. MASSON, ✳, libraire-éditeur.

EMILE MULLER, O. ✳, Professeur à l'Ecole Centrale, ancien Président de la Société des Ingénieurs civils, Vice-Président de la Société française d'hygiène.

NIVOIT ✳, Ingénieur en chef des Mines, Professeur de géologie et de minéralogie à l'Ecole nationale des Ponts et Chaussées.

Le colonel PERRIER, O. ✳, Membre do l'Institut et du Bureau des longitudes.

H. RÉMAURY, ✳, Ingénieur conseil, ancien Directeur des Forges d'Ars-sur-Moselle et de Pompey.

RICHEMOND, ✳, Administrateur de la Société centrale de construction de machines de Pantin, Juge au Tribunal de commerce de la Seine.

RISLER, O. ✳, Directeur de l'Institut national agronomique.

SARAZIN, ✳, ✳, A-☙, Ingénieur, Directeur des études à l'Ecole Centrale.

SER, ✳, Ingénieur civil, Professeur à l'Ecole Centrale.

T. SEYRIG, Ingénieur-constructeur.

CHARLES THIRION, ✳, Ingénieur civil, Secrétaire général des Congrès et Conférences de l'Exposition de 1878, Vice-Président de l'Association des inventeurs et artistes industriels (Fondation Taylor).

ÉMILE TRÉLAT, O. ✳, Architecte en chef du département de la Seine, Directeur de l'Ecole spéciale d'Architecture, Professeur au Conservatoire des Arts et Métiers, ancien Président de la Société des Ingénieurs civils, Président de la Société de Médecine publique et d'Hygiène professionnelle.

F. VALTON, ✳, Ingénieur, ancien chef de service des aciéries de Terrenoire.

VIGREUX, ✳, Ingénieur civil, Professeur à l'Ecole Centrale.

CAMILLE VINCENT, ✳, ✳, Ingénieur civil, Professeur à l'Ecole Centrale.

MAX DE NANSOUTY, A. ☙, *Rédacteur en chef-Gérant du journal* LE GÉNIE CIVIL.

CH. TALANSIER, *Ingénieur, Secrétaire de la Rédaction.*

PRIX DE L'ABONNEMENT PAR AN :

Paris : **36** francs ; Départements : **38** francs ; Étranger (*union postale*) : **40** francs

Autres pays, le port en sus.

Trois mois : Paris, **10** francs ; Départements et étranger (*union postale*), **12** francs

Extrait du Journal LE GÉNIE CIVIL

AGRANDISSEMENT

DE

LA GARE SAINT-LAZARE

Avec une Planche hors texte donnant le plan
des nouvelles dispositions adoptées.)

Prix : 1 franc.

PARIS

PUBLICATIONS DU JOURNAL *LE GÉNIE CIVIL*

6, RUE DE LA CHAUSSÉE-D'ANTIN, 6

1885

AGRANDISSEMENT

DE

LA GARE SAINT-LAZARE

La circulation extrêmement active dans les rues
d'Amsterdam et Saint-Lazare, aux abords de la gare de la
Compagnie de l'Ouest, amène fréquemment des embarras
inextricables, et nécessite depuis longtemps des amélio-
rations qui n'ont été ajournées qu'à cause de la
dépense considérable qu'elles doivent entraîner, et que
les circonstances ne permettaient pas à la Compagnie,
jusqu'à ces derniers temps, d'engager.

Dans l'état actuel, les deux cours qui donnent sur la
rue Saint-Lazare, l'une contre la rue d'Amsterdam,
l'autre contre la rue de Rome, sont affectées exclusivement au service de la banlieue, les escaliers à franchir
ne permettant pas d'utiliser pour celui des grandes
lignes la cour située contre la rue d'Amsterdam, à cause
de la manutention des bagages. Par suite, tout le service des voyageurs avec bagages se fait forcément par
la rue d'Amsterdam, ce qui produit un encombrement

considérable, augmenté à certaines heures par la coïncidence de l'arrivée des trains, dont le débouché a lieu également sur cette rue.

Les difficultés de la circulation y sont encore accrues par le fonctionnement du service des Messageries dont l'entrée et la sortie se font par la cour d'arrivée des trains de grandes lignes, et par la présence d'un bureau de poste établi dans un immeuble appartenant à la Compagnie, et devant lequel stationnent, à certaines heures, les voitures de l'Administration.

Pour remédier à ces inconvénients, la Compagnie des chemins de fer de l'Ouest va exécuter à la gare Saint-Lazare une série de travaux dont le programme comprend : 1° le dégagement des abords et accès de la gare ; 2° l'extension et la modification des aménagements intérieurs.

I

Dégagement des abords et accès de la gare.

La première partie, qui intéresse également la Ville de Paris et à laquelle cette dernière contribue pour une somme de trois millions, comporte les dispositions indiquées dans la planche XXIV. Ces dispositions comprennent :

1° L'élargissement, à 30 mètres, de la rue Saint-Lazare, par suite de la démolition du pâté de maisons situées, d'un côté, entre les rues de Rome et d'Amsterdam ; de l'autre, entre la rue Saint-Lazare et la façade de la galerie haute, dite de Versailles ;

2° L'agrandissement de la cour actuelle d'Amsterdam et la suppression des deux ailes avec arcades qui la bordent.

Cette cour, dont la superficie utilisable, hors trottoirs, sera portée de 700 mètres carrés à 1,600 mètres carrés environ, sera établie en rampe au niveau de la rue d'Amsterdam, de manière à faire disparaître les marches qui séparent la chaussée du vestibule et faciliter le service des bagages ; elle sera exclusivement affectée au départ des grandes lignes. Elle fera le pendant de la cour située entre la rue de Rome, où seront réunis tous les services de départ et d'arrivée des trains de banlieue.

Une rue intérieure de 18 mètres de largeur, avec voie de 10 mètres, longeant la galerie de Versailles, servira de voie de communication entre ces deux cours, et dégagera d'autant la circulation dans la rue Saint-Lazare.

Les terrains compris entre la rue intérieure et la rue Saint-Lazare et non utilisés pour les deux cours resteront disponibles en dehors de la gare proprement dite.

La cour couverte d'arrivée des grandes lignes sera régularisée et agrandie par suite de la démolition de l'immeuble appartenant à la Compagnie, impasse d'Amsterdam, n° 4, et de la suppression du service des messageries qui sera reporté ailleurs. Un deuxième débouché pour les voitures sera ouvert sur l'emplacement du bureau de poste qui sera démoli. L'augmentation de surface de la cour utilisable pour le service des grandes lignes sera de 900 mètres carrés sur la surface actuelle qui est de 750 mètres carrés, hors trottoirs.

Une nouvelle place de voitures sera créée à proximité

de cette cour : à cet effet on a prévu l'élargissement de la rue d'Amsterdam dans la partie qui est située en face de l'arrivée et se prolonge jusqu'à la rue de Londres.

Le service des messageries de la gare (sauf celles en douane), qui se fait actuellement dans la cour d'arrivée des grandes lignes, sera reporté dans les anciens terrains des Docks que la Compagnie possède près de la place de l'Europe. Par suite de cette translation, le service des camions et fourgons, si gênants pour la circulation dans la rue d'Amsterdam, se fera par les rues de Rome et de Londres.

II

Extension et modification des aménagements intérieurs de la gare.

L'extension et la modification des aménagements intérieurs de la gare comprennent les travaux indiqués ci-après :

Tout en tirant le meilleur parti des constructions déjà existantes, et en se pliant aux exigences matérielles des services, le projet de la Compagnie présente une façade générale d'aspect monumental, régnant de la rue de Rome à la rue d'Amsterdam, en harmonie avec l'ensemble des rues et des constructions qui l'encadrent. Elle a une longueur d'environ 210 mètres et se compose de trois parties distinctes : à chacune des extrémités correspondant aux deux cours s'élèvent deux grands bâtiments flanqués chacun de deux pavillons et présentant à leur partie inférieure sept arcades qui assurent un large débouché ; enfin la partie centrale, le long de la rue intérieure, comprend la plus grande partie de la galerie haute de Versailles qu'elle accuse par trois arcades de proportions monumentales.

C'est dans cette galerie de Versailles et ses dépendances formant façade sur la cour de Rome, que sera concentré tout le service de banlieue ; le bâtiment en façade et le pavillon d'angle qui se prolongera sur la rue de Rome d'une longueur d'environ 100 mètres, renfermeront les bureaux des caisses et des titres, les pièces destinées au Conseil d'administration et aux divers services de la Compagnie.

En outre, pour loger différents services de la gare, de la voie et de la traction, un bâtiment sera construit à l'angle des rues de Rome et de Vienne.

La cour du côté de la rue d'Amsterdam sera affectée au service du départ des grandes lignes, ainsi que l'hémicycle où se fait actuellement le service des lignes de Saint-Germain et d'Argenteuil. Le projet comporte, en outre : l'établissement d'une seconde salle de bagages au départ, dans deux des salles d'attente actuelles qui deviendront libres par suite du déplacement des services de la banlieue ; l'abaissement du plancher des salles d'attente et des quais du fond de la gare, de manière à les ramener, comme dans le reste de la gare, à une hauteur de 0^{m}30 à 0^{m}35 au-dessus du rail ; l'établissement de halles couvertes sur les nouvelles voies projetées du côté de la rue de Rome, et l'allongement des halles actuelles ; l'établissement d'une troisième voie d'arrivée pour les trains de grandes lignes ; l'agrandissement du service de l'arrivée des grandes lignes dans l'emplacement laissé libre par la translation des messageries ; la construction d'une nouvelle salle de bagages, d'une salle de visite pour les douanes, etc.

L'installation, près du pont de l'Europe, du service des messageries comprend : l'établissement d'une cour sur piliers au niveau de la place de l'Europe, à l'angle des rues Mosnier et de Saint-Pétersbourg, avec entrée et sortie pour les voitures sur cette dernière rue ; la construction d'une halle couvrant cette cour et des bâtiments et bureaux nécessaires au service ; l'établissement d'appareils hydrauliques pour le montage du niveau des voies au niveau de la cour, la descente et la manœuvre des wagons, la manœuvre des plaques tournantes, grues de chargement, etc.

Parmi tous ces travaux, dont le montant peut être évalué à environ 20 millions et dont les dispositions générales ont été adoptées par l'Administration supérieure, deux projets de détail viennent d'être approuvés par le Ministre des Travaux publics : ce sont les projets de constructions sur la cour et la rue de Rome, et de l'installation des messageries, dont l'exécution va être immédiatement commencée.

TRAVAUX DE RECONSTRUCTION DE LA GARE SAINT LAZARE À PARIS

Élévation de la Gare du coté de la Rue St Lazare.
Échelle de 0.001 p. m.

Plan général. *Échelle de 0.001 p. m.*

Salles d'attente — des Bagages — de la Banlieue

Galerie des Services de la Banlieue

Service des Grandes Lignes — plan départ

Territoire des particuliers

Élargissement de la Rue St Lazare.

RUE ST LAZARE

RUE DE ROME

RUE DU ROCHER

ENTRÉE BAUDIN

RUE DU HAVRE

RUE D'AMSTERDAM

CHEMINS DE FER DE L'OUEST

EXCURSIONS

SUR LES

COTES DE NORMANDIE ET EN BRETAGNE

Billets Circulaires, VALABLES PENDANT **un mois** (1)

délivrés d'avril à octobre.

	1re CLASSE	2e CLASSE
1er ITINÉRAIRE —	**50**fr. »	**38**fr. »

Paris.—Rouen.—Le Havre.—Fécamp.—Saint-Valery.—Dieppe.—Arques.—Forges-les-Eaux.—Gisors.—Paris.

	1re CLASSE	2e CLASSE
2e ITINÉRAIRE —	**60**fr. »	**45**fr. »

Paris.—Rouen.—Dieppe.—Saint-Valery.—Fécamp.—Le Havre.—Honfleur ou Trouville-Deauville.—Caen.—Paris.

	1re CLASSE	2e CLASSE
3e ITINÉRAIRE —	**80**fr. »	**65**fr. »

Paris.—Rouen.—Dieppe.—Saint-Valery.—Fécamp.—Le Havre.—Honfleur ou Trouville.—Cherbourg.—Caen.—Paris.

	1re CLASSE	2e CLASSE
4e ITINÉRAIRE —	**90**fr. »	**70**fr. »

Paris.—Granville.—Avranches.—Mont-St-Michel.—Dol.—Saint-Malo.—Dinan.—Rennes.—Le Mans.—Paris.

	1re CLASSE	2e CLASSE
5e ITINÉRAIRE —	**100**fr. »	**80**fr. »

Paris.—Cherbourg.—Coutances.—Granville.—Avranches.—Mont-St-Michel.—Dol.—St-Malo.—Dinan.—Rennes.—Le Mans.—Paris

	1re CLASSE	2e CLASSE
6e ITINÉRAIRE —	**100**fr. »	**80**fr. »

Paris.—Rouen.—Dieppe.—St-Valery.—Fécamp.—Le Havre.—Honfleur ou Trouville.—Caen.—Cherbourg.—Coutances.—Granville.—Paris.

	1re CLASSE	2e CLASSE
7e ITINÉRAIRE —	**120**fr. »	**100**fr. »

Paris.—Rouen.—Dieppe.—St-Valery.—Fécamp.—Le Havre.—Honfleur ou Trouville.—Caen.—Cherbourg.—Coutances.—Granville.—Avranches.—Mont-St-Michel.—Dol.—St-Malo.—Dinan.—Rennes.—Laval.—Le Mans.—Chartres.—Paris.

	1re CLASSE	2e CLASSE
8e ITINÉRAIRE —	**120**fr. »	**100**fr. »

Paris.—Granville.—Avranches.—Mont-St-Michel.—Dol.—St-Malo.—Dinan.—St-Brieuc.—Lannion.—Morlaix.—Roscoff.—Brest.—Rennes.—Le Mans.—Paris.

	1re CLASSE	2e CLASSE
9e ITINÉRAIRE —	**130**fr. »	**110**fr. »

Paris.—Caen.—Cherbourg.—Coutances.—Granville.—Avranches.—Mont-St-Michel.—Dol.—St-Malo.—Dinan.—St-Brieuc.—Lannion.—Morlaix.—Roscoff.—Brest.—Rennes.—Vitré.—Laval.—Le Mans.—Chartres.—Paris.

NOTA.—Les prix ci-dessus comprennent les parcours en bateaux et en voitures publiques, indiqués dans les Itinéraires

Les billets sont délivrés à Paris, aux Gares Saint-Lazare et Montparnasse et aux bureaux de Ville de la Compagnie.

(1) La durée de ces billets peut être prolongée d'un mois, moyennant la perception d'un supplément de 10 %, si la prolongation est demandée, aux principales gares dénommées aux itinéraires, pour un billet non périmé.

CHEMINS DE FER DE L'OUEST

BAINS DE MER

Billets d'Aller et Retour à Prix réduits valables du Vendredi au Lundi

délivrés d'avril à octobre.

De Paris aux Gares suivantes :	1re classe	2e classe
DIEPPE (Le Tréport, Criel, Puys, Pourville)	30fr »	22fr »
LE TRÉPORT, par Serqueux et Abancourt (Du 1er Juillet au 30 septembre)	33 20	» »
CANY (Veulettes, les Petites-Dalles)		
SAINT-VALERY (Veules)		
LE HAVRE (Ste-Adresse, Bruneval)		
FÉCAMP, LES IFS (Yport, Etretat)	33 »	24 »
TROUVILLE-DEAUVILLE, VILLERS-SUR-MER, HONFLEUR, CAEN		
CABOURG (le Home-Varaville)		
DIVES, BEUZEVAL (Houlgate)	37 »	27 »
LUC-Lion-sur-Mer, LANGRUNE		
SAINT-AUBIN, BERNIÈRES, COURSEULLES, VER-s-MER (Prix pour le parcours total)	38 »	28 »
BAYEUX (Arromanches, Asnelles), etc.	40 »	30 »
COUTANCES (Coutainville, Régneville)	57 »	44 »

De Paris aux Gares suivantes :	1re classe	2e classe
ISIGNY (Grandcamp, Ste-Marie-du-Mont)	44fr »	33fr »
VALOGNES (Port-Bail, Carteret, St-Vaast de la Hougue, Quinéville)	50 »	38 »
CHERBOURG	55 »	42 »
GRANVILLE (St-Pair, Donville)	50 »	38 »
St-MALO-St-Servan (Dinard-St-Enogat, St-Lunaire, St-Briac, Paramé)	66 »	50 »
LAMBALLE (Erquy-Val-André, la Garde-de-St-Cast)		
SAINT-BRIEUC (Portrieux, St-Quay)	68 »	51 »
LANNION (Perros, Guirec)	79 »	59 »
MORLAIX (St-Jean-du-Doigt)	81 »	61 »
ROSCOFF (Ile-de-Batz)	85 »	64 »
EAUX THERMALES		
BAGNOLES de l'Orne, par Briouze	45 »	34 »
FORGES-LES-EAUX (Seine-Inférieure)	21 45	16 05

Départ du Vendredi au Dimanche — Toutefois, ces Billets sont valables le Jeudi par les trains partant de Paris dès 6 h. 30 du soir.— Retour les Dimanche et Lundi — Les Billets pour **St-Malo**, **Lamballe**, **St-Brieuc**, **Lannion**, **Morlaix** et **Roscoff** seront valables au retour jusqu'au mardi inclus. — Les Billets sont PERSONNELS et ne peuvent être vendus.

LE GÉNIE CIVIL

SOCIÉTÉ ANONYME
DE PUBLICATIONS ET DE CONSULTATIONS TECHNIQUES

CONSEIL D'ADMINISTRATION

Messieurs E. MULLER, *Président*; H. REMAURY, *Vice-Président*; C. LAURENS,
L. RICHARD, E. CHABRIER, CH. THIRION, ARBEL, BIVER,

I. — PUBLICATIONS TECHNIQUES

LE GÉNIE CIVIL

REVUE GÉNÉRALE HEBDOMADAIRE DES INDUSTRIES FRANÇAISES ET ÉTRANGÈRES

Paraissant tous les Samedis

INDUSTRIE — TRAVAUX PUBLICS — AGRICULTURE — ARCHITECTURE
HYGIÈNE — ÉCONOMIE POLITIQUE — SCIENCES — ARTS

MAX DE NANSOUTY, O. A. ✸, *Rédacteur en chef-Gérant du Génie Civil*
CH. TALANSIER, *Secrétaire de la Rédaction.*

PRIX DE L'ABONNEMENT :

PARIS : **36** fr. — DÉPARTEMENTS : **38** fr. — ÉTRANGER (*Union postale*) : **40** fr.
Autres pays, le port en sus.
TROIS MOIS : PARIS, **10** FR.; DÉPARTEMENTS ET ÉTRANGER (*Union postale*) : **12** FR.

II. — CONSULTATIONS TECHNIQUES

SUR PROJETS ET ÉTUDES
CONCERNANT LES TRAVAUX PUBLICS ET L'INDUSTRIE
G. LÉPANY, *Ingénieur, Chef du Service.*

Administration et rédaction : 6, rue de la Chaussée-d'Antin, Paris.

IMPRIMERIE CENTRALE DES CHEMINS DE FER. — IMPRIMERIE CHAIX,
RUE BERGÈRE, 20, PARIS. — 8038-5.

www.ingramcontent.com/pod-product-compliance
Lightning Source LLC
LaVergne TN
LVHW021801030726
842523LV00003B/1131